漫话动物科普

旁白D / 著绘

进化之基

飞吧，鸦少爷！

笑一个！

文化发展出版社
Cultural Development Press

图书在版编目（CIP）数据

进化之基：飞吧，鸮少爷！ / 旁白D 著绘 . —— 北京：
文化发展出版社，2021.6
ISBN 978-7-5142-3337-7

Ⅰ．①进… Ⅱ．①旁… Ⅲ．①鹰科－儿童读物
Ⅳ．① Q959.7-49

中国版本图书馆 CIP 数据核字 (2021) 第 020476 号

进化之基：飞吧，鸮少爷！

作　　者：旁白D		出版统筹：贾　骥　宋　凯	
出 版 人：武　赫		出版监制：张泰亚	
责任编辑：范　炜　谢心言		策划编辑：邓英洁	
责任印制：杨　骏		美术编辑：宋　慧	

出版发行：文化发展出版社（北京市翠微路 2 号　邮编：100036）

网　　址：www.wenhuafazhan.com

经　　销：各地新华书店

印　　刷：北京印匠彩色印刷有限公司

开　　本：787mm×1092mm　1/32

字　　数：125 千字

印　　张：6.25

印　　次：2021 年 6 月第 1 版　　2021 年 6 月第 1 次印刷

定　　价：59.80 元

I S B N：978-7-5142-3337-7

◆ 如发现任何质量问题请与我社发行部联系。发行部电话：010-88275710

飞吧，鸮(xiāo)少爷！

一个关于自由、爱与梦想的故事——

00. 序章 梦想照进现实　　　005

01. 你好呀，小少爷　　　019

02. 感谢组织，我有猫(头鹰)了！　　　030

03. 网红风波　　　036

04. 小少爷，长大啦！　　　047

05. 小少爷，上学去　　　056

06. 减肥吧！小少爷　　　069

07. 是梦中的故乡　　　088

08. 雪后见真章　　　100

09. 再见，再见　　　113

10. 新的起点　　　126

11. LOVE IS WAR　　　138

12. 坚持总会有收获　　　152

番外① 真相Q&A　　　171

番外② 圣诞特别篇　　　180

番外③ 大小姐的旅途　　　186

后记·我见苍生皆可爱　　　196

番外④·天赐奇缘　　　198

雪鸮 *Bubo scandiaca*

虽然没有耳翎，但的确是第三大的猫头鹰；很遗憾并不会送信，但是会抓旅鼠哦！

拟人化→

那惊鸿一现……

宛如魔法。

哇哦！

酷！！

不要在电影院
里那么大声啦，
快坐下来尔。

电影总要散场，人们回归现实，但是——

哈哈，等买了
魔杖的吧。

爸比，再陪人家
练习一下魔咒嘛。

我将来会是最伟
大的魁地奇球星！

有常识的人都该懂，不管是从守法还是从安全角度看，猛禽都不适合被私人豢养。所以这一年小卡尔得到的圣诞礼物是……

书页翻过，
　一个不需要魔法
　　却同样瑰丽的世界，

　　　在孩子的眼前
　　　徐徐敞开怀抱——

诞生自虚幻的小小梦想之种，
终于落入可以生长的现实土壤。

时光匆匆流过，孩子们渐渐长大，
大部分种子却注定沉睡终生。

昔日的魔咒大师、魁地奇球星，
如今跑着业务写着代码，
行色匆匆赶赴现实战场。

但总有一些幸运儿找对了方向，
历经风雨不改初衷，终于……

卡尔·扎克
猛禽救助中心 成功入职！

* 猛禽救助中心 Raptor Rescue
Center（简称"RRC"）专注
解救受伤、虚弱、行为异常的
猛禽并帮它们重返蓝天的NGO。
世界各地都有设立。

等到绽放之日——

简直就像做梦一样……

不知道中心会委派我照顾谁呢？

jiù
* 鹰形目 – 美洲鹫科 – 加州兀鹫属
  翼展超过三米，是美洲现存最大的飞禽之一，也是全世界最濒危的鸟类之一。

不知道有没有可能是加州神鹫？北美洲最大最重也最珍稀的猛禽！

Gymnogyps californianus
加州神鹫

喂，新人。

超可爱哒！

不过一上来就极危级别不太可能啦。其实仓鸮开局也不错呀。典雅美丽的无声飞行专家！

新人？？
卡尔·扎克！

Ty.to alba
仓鸮

扭动~

* 鸮形目 – 草鸮科 – 草鸮属
  别称"猴面鹰"，
  长着浅色桃心脸盘的灭鼠专家。

花洒发够没？！今天刷不完五个笼舍你就给我滚蛋吧！！

真是豪放派画作啊……

同一个世界，同一套职场潜规则，上班第一天就想摸鸟？想太多了。职场新人哟，你的试炼，才刚刚开始——

这应该是斑林鸮的体羽，收藏了！

当然，铲个屎而已，爱的战士卡尔才不认输！

努力工作，坚持学习。

闪亮

早点习惯吧，我们猎隼就是被人类觊觎的命啊。

认真观察？

嘿嘿嘿嘿

你这样还不如光明正大地看呢。

寒战

然后——

看你这么积极，继续闲在这里太浪费了。

不过最重要的还是——

跟我来吧。

推开——

！！

我这是提前结束考察期转正了？

算是。

因为我天赋异禀表现出众？

差不多。

这毛茸茸的一箱团子，都是未来的猛禽。

不过现在，还都是些毛茸茸软叽叽无家可归的小可怜。

*巢寄生：某些鸟会将卵产在其他鸟的巢中，让其他鸟代为孵化和养育，这样它们就能节省精力去产更多的卵。杜鹃、文鸟等鸟类都采用这样的方式，它们自己完全不筑巢。还有一些鸟，比如鸳鸯，会自己筑巢，但偶尔也会把卵产在别的鸟的巢穴中。

……谁告诉你那是同一窝的雏鸟了？

它们是刚从警方接回的"赃物"啦。

哈大发现……梦里么？

RRC的救助对象，可不光意外受伤、身体虚弱的野生鸟，更有截获的"违法商品"或被抛弃的"前宠物"。人类的自私与无知，制造出了无数悲剧——

这样寒带繁殖的雏鸟会出现在我们加州这么热的地方，

都是钱和流行文化的锅：这就是大名鼎鼎的《哈利·波特》第一受害者，雪鸮哦。

！

一瞬间，童年记忆的被唤醒，当年遥不可及的梦想沉甸甸地窝在掌心……

Forever Love

……这奇妙的缘分，仿若魔法。

下撑狐狼上赶鹰，北极熊来了也敢硬碰硬的北国天空王者。

雪鸮
Bubo scandiaca
鸮形目 - 鸱鸮科 - 雕鸮属
大型猫头鹰

有着比较明显的雌雄异型，体型更大更强壮的雌性终生都有斑纹（用于伪装），而雄性羽毛的斑点较少，且会随着年龄增长越来越白。

01. 你好呀，小少爷

不论雪鸮在原产地是
多么成功的物种，

从冻土雪乡流浪千里来到
阳光灿烂的陌生加州，
这位孤身一鸟的小客人……

实在稀奇得令人疑惑。

还真是……

我记得人工繁殖成功的例子不多……这说不定是个犯罪产业链。

查到了！才十日龄?!盗猎的是偷了蛋自己孵出来的吗?!

给警方提个醒。

给大佬们让地。

但不论究竟怎么来的，这只雏鸟的去处必须赶快决定——

虽然成年雪鸮偶尔会到海滩晒晒太阳度个假，但这里明显不是适合幼鸟生长的环境。

不会飞的人类能打飞的，我们长翅膀的，还不是想飞哪儿就飞哪儿。

少自作多情，
快给我做饭去！

是、是，

遵您的
旨意，
小的这
就去……

吃饭比皇帝大，这没问题。
问题是——吃啥？

成年雪鸮我还算清楚，
但是小时候有没有什么
特殊营养需求啊？

不会必须要
吃旅鼠*吧？！

居然没有现成的
营养表？要你
这破书何用！！

还真是
临时抱佛脚啊。

狂翻资料

快点！

饲养手册

*旅鼠：啮齿目仓鼠科旅鼠亚科的一种小动物，是北极很多捕食者的主要食物来源。

万幸的是，雪鸮并不挑食，有旅鼠这样的北地主菜固然好，没有的话，
家鼠可，兔子可，鸟亦可。

还好还好，
这样一来直接喂
小白鼠就成了。

成吧？

妥！

知道吃什么事情就简单了。
这么说的人，一定不知道雪鸮幼鸟每天要吃多少。

旅鼠一顿一只，一天四顿，换算成小白鼠
那就是整整一打啊！

按理说这不算是个过分的要求，问题是……

这个雏鸟暴发的季节，
中心正在闹**鼠荒**。

我都不管质了，
好歹要有量吧！
想吃饱过分吗？

这是仓鸮宝宝
的救命粮！

没门没窗户没烟囱！

NO

能借……

呜……

真是看不
下去了，

先用成鸟的口粮
救救急，怎么拆骨
剔肉不用教吧？

会的会的！
感谢！！

玛丽小姐您
真是天……

会就好，反正都要
动手，不如你把这些
也顺手处理了吧。

掏掏

你是恶魔。

……

成长，就是这样。

总要付出鲜血与汗水为代价。

刀法一流。

剩下的你拿去喂鸟吧。

但是光有足够的肉还不够，做一个合格的猛禽保姆，就不能让它发现自己在被人类抚养！

这样吗……

啊——

暗中观察

当然没有雪鸮用的。

肯定只会储备常见种的啊，

如果资料齐全的话，雪鸮还轮得到你养？

说的也是呢……

树立雏鸟心目中正确父母形象的关键道具：代亲布偶。

*为了避免野生动物对人类产生印随行为——学习模仿人类的行为，真正以放归自然为目标的救助/培养项目，都会尽量削弱人类和人造环境的存在感。比如喂养雏鸟时，人类要伪装成其亲鸟的样子投喂。

加州的炎炎夏日，对小雪鸮而言可不好过。

热死了！

掉毛

羽毛还没长出来，绒毛就开始脱落可不是好现象。

继续让小雪鸮住在育雏室恐怕要出事，它需要的是空调降温而不是保温垫。

现在唯一的选择是员工宿舍，卡尔，你……

24小时待命随时可以献身！

请组织放心！

为了小雪鸮的健康成长，要将它安置到自己宿舍里养？这份"额外加班"对卡尔而言……

……

？

憋……

心花怒放！狂喜乱舞！

喜大普奔呀！！

人类最大的优势，不就在于会制造和使用工具嘛！

还好之前为了做代亲2号买了个雪鸮玩偶。

改装一下，加个动作捕捉摄像头，再加个无线麦克风，还有联网……

搞定！

来，罗伊——
这是妈咪哦！

**监控摄像头
IN
代亲木偶**

这样一来，
就不怕爸爸
（卡尔）出去
捕猎（上班）
的时候，
小少爷一鸟
在家无人照看了。

小少爷！
卡尔？！

摄像头直连我的手机，
随时都能查看罗伊的动态
还有回应呼唤的功能！

……BBC错过你
这个人才，真是
他们的损失……

*BBC（英国广播公司）有一套把摄像机伪装后潜入动物群落卧底拍摄的纪录片。

03. 网红风波

作为技术和热情的结晶，监控代亲玩偶让卡尔获得了RRC前辈们的承认，
但却并没有将他从繁重的工作中解放出来，相反——

12号笼舍赶快扫出来要用了！

来了！

卡尔·随传随到·扎克 更忙了。

来了，来了！

饿了！

还好辛苦是有回报的。

卡尔第一次推特上发布罗伊的动态只是随手而为，却意外收到了极为热烈的反馈。

才一个上午就有这么多回应，小少爷你红了哦。

好多回复和新粉呢。

哇，已经几百赞了。

这有啥好看？

对于网友的热情关注，罗伊的回应——

罗伊？

这么讨厌看自己？

恶……

怎么了？哪里不舒服？还是吃不惯大鼠？？总不会被拍应激*了吧？

呕——

惊慌

* 应激行为：动物因受到刺激后感到紧张而出现的异常行为。

039

当然，并没谁想要罗伊的食丸。
而走红造成的影响，
要到数日后——

卡尔你出来一下。

有时间吗？
有点事情要
问问你。

没有！切完肉我
先要喂鸟然后去
扫笼子和
刷器材。

新工作预约请提前一周。

……真的只是问点事，
不是让你干活啦。

我们收到了好几笔
指明给罗伊的汇款，

明明还没公布过抚养
小雪鹗的消息呢，你
知道是怎么回事吗？

啥啊？

*所有救助机构和野生动植物保护组织
都有面对公众的捐款渠道
（国内也是，想献爱心可以查查）。

而且捐款收到就用啊，
问啥……哦！

捐款来源
也要查的？

这种事情直接问
银行比较快吧？
我可不兼职会计。

追求新奇或者稀有的事物，似乎是人类的天性。一本小说、一个热门视频……就能制造出风行一时的"网红动物"。

而有需求，就有买卖。
猫头鹰、孟加拉豹猫、粉红小猪……
只要付得起钱，就能拥有。

收容站

但购买仅仅是开始——
饲料贵、咬人、脏乱臭、吵……

按住它

直接注射吧——

对不起，
再见了。

我实在承受
不起了。

冲动过后人们有一百万种理由后悔，
而沉重的代价，却往往由无辜的动物来负担。

每次有动物走红
就会带起购买风潮
这点我知道，但是、

那不一样的，我们
算是专业机构，而你
用的是私人账号吧？

但是咱们的
主页上也会更新
被救猛禽的信息啊？
所以我以为……

辩解……

而且你没发现吗？

凡是还能够回归野外的救助对象，
都是不留姓名的匆匆过客，

游隼

Falco peregrinus

适应了大都市里捕捉鸽子
的生活，但经常因为撞上
建筑物玻璃而伤亡。

而公布信息甚至登上新闻引起公众关注的，
往往都是那些经历凄惨的受害者：
比如那只叫"宙斯"的西部鸣角鸮，
最美眼眸的真相是致盲的虹膜破碎！

西部鸣角鸮

Otus kennicottii

这只拥有玛丽苏之眼的鸟
真的存在，因为全盲只能
在救助中心度过余生。

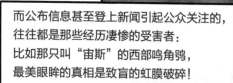

我们公布那些悲惨的故事
是为了引起关注和反思，

而不是炫耀鸟有多
可爱帅气吸引眼球！

是……对不起我错了，
这是账号，主任您看看
还能挽回吗……

拿来吧。

卡尔在推特上发出的小少爷萌萌哒日常……

这就是……

超臭超大颗——内含两只老鼠

罗伊今天吐的食丸！……抽奖吧

紧张

你所谓的……

#厉害了我的小少爷# 就是镜头溅上的血迹不好擦……

用自己的力量撕碎食物

啊啊啊啊啊现在想想罗伊那么可爱！真有人去买雪鸮怎么办啊？？我是罪人啊啊啊！

萌萌哒日常？

不知道什么时候藏到床底下的剩饭，长蛆了OTL

"粉丝滤镜"怕不是有四十米厚。

说了不让你走!
不许动——

搜

在小少爷初显的霸总气场笼罩下,迷弟卡尔再度沦陷。

缠着不让走也太可爱了吧?

的确是离巢跟着父母走动的年纪,但真不能带着……

幸福的烦恼

对了!

的确有个地方,正等着卡尔带罗伊过去呢——

终于来了啊?

我还以为你要讳疾忌医呢。

哈哈,只是太忙耽误了,我们少爷可是自己走来的,超健壮呢。

少打哈哈,它发育得如何,得专业的说了算。

关门吧——

兽医室

请勿打扰

咕!

在这个地方,人与鸟之间的信任,将……

当年犯的傻不提也罢，既然小少爷体检没问题，那我们就告辞啦！

回家。

有问题哦。

既然是男孩子，那就麻烦了——根据资料，野生雪鸮雌性体长60-66cm，重1.8-2.5kg，而雄性较小，体重平均只有1.6kg……

罗伊体长59cm算是大体型雄鸟，但即使如此……

2.33kg也实在是**太胖了！**

啥？！

晴天霹雳

即使考虑离巢前的脂肪储备，也太过超标，可能会……

飞不起来哦。

当然也不用太紧张，那点儿娇生惯养出来的肥肉只要送去野化训练营，保证掉得比刀切都快。

不就是20%，小case啦。

去感受大自然的风霜磨砺吧！

变得比刀切还快是怎样？！现实场吗？！！

HAHA

害怕

溜了溜了……

但即使不考虑减肥的问题，也是时候送罗伊去"上学"了。

你已经是离巢的年纪了……

确实，为了小少爷你的未来，是要送你去做野化训练了……

所有在人工环境中生活、成长的动物重获自由之前，都必须经历的一道难关：它们要重新学习觅食、躲避等技巧，磨炼体力、耐力，提高应变力……获取在残酷多变的自然中生存的资格。

野化训练——

此外，接触原生栖息地的敌人和朋友也很重要，对于长于人手连父母都不记得的罗伊而言，这可能尤其困难。

05. 小少爷，上学去

……别了，功勋元老。

它不但把自己上课用的活饵全给吃了，还打劫别的鸟——顺便吓得那些小可怜拉稀绝食！

我看它减肥是不可能减肥了，这辈子注定是个胖子——反正我们管不了了，麻烦您赶快接走！

笼舍一霸

天呐罗伊……

罗伊·扎克，劝退确定！

客气科学点儿分析，就是精神紧绷导致攻击性增强，推荐由亲近的原饲养者慢慢教导。

而比失学更让人难过的是……

罗伊你……

更胖了 啊啊啊啊！！

怎么啦振作点

绝望……

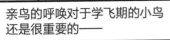

亲鸟的呼唤对于学飞期的小鸟还是很重要的——

叫我做什么?

哦哦来了太好了!

还不能降落哦,继续来追我!

追我呀

追到我就嘿嘿嘿

仗着感情好,节能又环保。
唯一可能失算了的就是……

重压

再跑呀?

我还没玩够呢。

罗伊你……
不要………

不要踩在我背上伸懒腰啊!腰要断了……

大汗淋漓

用腿的怎么可能跑过用翅膀的。

人类，就该老老实实靠科技。

结局。

还是这样方便……

哪里跑！

不容易被抓坏又不能吃的设计。

嗯……勉强算合格吧，毕竟肌肉重。

小少爷好厉害！要再接再厉哦。

2028.2g

体重不是问题了，接下来增加障碍物试试？

怎……

?!

前面的快闪开！！

群鼠大暴走

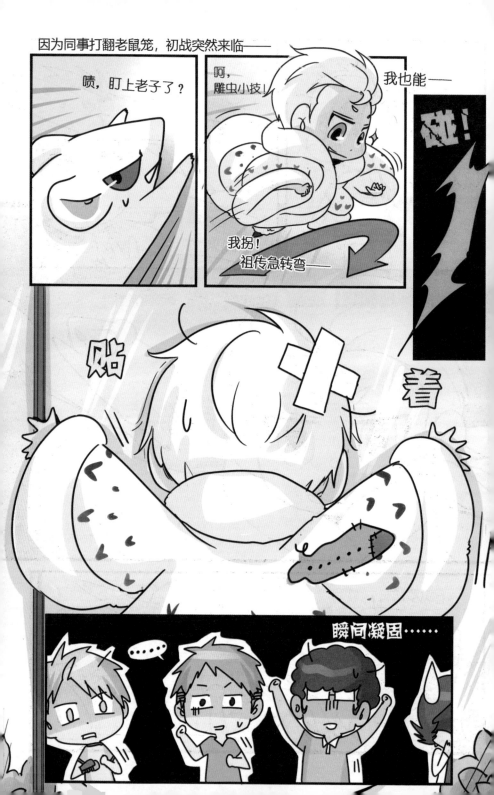

缓缓滑落

羽粉印*

甩甩

看起来没造成什么伤害，一时间走廊里充满了快活的空气。

* 鸟类无法识别玻璃，经常出现撞击人类建筑物的惨剧。

太好玩了哈哈哈……

身体完好无损，
不代表年轻雄鹰的自尊心……

从挫折中积累经验是动物们最基本的学习途径。趋利避害，更是生物本能。

于是罗伊不光产生了"排斥陌生人"这样对野外生活有利的改变，还……

哼！幼稚！不会再上当了。

小少爷？

扭头不理

嘀嘀嘀

追嘛罗伊，咱们哪里摔倒就在哪里爬起来呀！

不是吧？难道捕猎行为也上了黑名单？

这是在叫我？

居然用走的？！

啥事儿？

摇摇摆摆……

最糟的情况发生了：让罗伊产生阴影的不是追猎，而是……飞。猛禽养成走地鸡，可以钉上救助界的耻辱柱了。

理毛毛

心、心绞痛……

怎么了?

啊啊啊啊啊啊……我对不起你啊……小少爷……

不要难过哟，帮你理理羽心情就好啦。

打起精神来，没有过不去的坎儿。

小少爷……

我明白了！不会辜负你的——

?!

感动~

重振旗鼓的卡尔，想到一个好主意——

来——

站稳了。

是世界自然基金会(WWF)和国家地理频道要合作，拍摄一部阿拉斯加的生态纪录片——

这简直就是给罗伊量身定制的故事啊！千载难逢的好机会！

是不是很惊喜？

为了呼应生态恢复的主题，编导提出想要一个戏剧性的原生物种野化放归、重回荒野的故事。

确实是个千载难逢、不容错过的归家好机会，如果不是——

出了这次意外的话。

紧张
紧张

还是不敢下来吗……

对不起！！其实——

少爷它出了意外，现在已经不能……

在CRRC同事们的祝福下，卡尔和罗伊出发了——

还好回报是丰厚的——

*鸟类长途运输的时候，要安置在不感到压迫，但也不能伸张开翅膀的保定箱内，适当通风或者加氧气管。同时还要罩住眼部，避免视觉刺激，保持镇定。

夏末初秋的阿拉斯加北部苔原，
是如此生机勃勃繁荣狂野，
完全就是卡尔梦中的样子。

所谓传统点儿的方法：

啥玩意儿？

背负式摄像机就位，

罗伊给个面子别扭头啃哦。

虽然是先在室内试飞，但是安全起见GPS*脚环都先戴好吧

*GPS：全球定位系统，动物绑定的信号器会定时发送定位信息到卫星以便追踪。

摄影、数据传输、定位追踪，万事俱备，只欠……

重负

……

准备就绪！
1、2、3——
走你！

一只能背着它们飞起来的鸟了。

还飞得动吗？！

没想到整套装备会这么重！

而且旅途辛苦想给它补补，结果忘了体重控制好像有点补过头了——

* 小雪鸮离巢迁移的时候还不会飞就游泳过河，另外飞窝骨头轻，羽毛面积大，基本都不会沉水，但是长时间不能上岸，仍会失温冻死。

天气不错，去抓点什么吧！

成功捕猎就好像一个信号，
罗伊开始有了离家独立的意识。

早呀罗伊，
今天我们……

加餐也不要吗？

飞走

*野生幼鸟每年也有很多因为捕猎技术不行而被淘汰。

虽然知道雪鸮是
独居种，一旦离巢
就不再亲父母，

但是不可能
不担心啊……

经常看它在附近
闲晃，也不知道
吃饱过没有……

叹气

冬天的阿拉斯加静谧，但并不寂寥。

穿行在厚厚的积雪中是件辛苦的工作，但是……

风雪中你可能和赤狐面对面，

和驯鹿同行，

和北极熊……
还是远观吧。

居然比安东尼还早
拍到北极熊。
它们在这一带活动的话，
那雪鸮和北极熊战斗的
传说应该也是真的吧！

我少爷一定战无不胜！

116

天气条件越来越恶劣，
卡尔必须抓紧最后的机会搜集数据。

这是赤狐的
粪便吧?

电话??
这地方有信号吗……

不对、
　这是——

那是卡尔永远也不会忘记的声音——
　　　　小雪鸮呼唤父母时发出的独特鸣叫声。

啾?

歪头

作为那个将它培养的如此杰出的人类，
眼眶发酸的卡尔此时只能慢慢后退，

然后悄悄举起相机——

笑一个吧，小少爷。

咔

这似乎就是放归自然的野生动物，
和救助人之间所能有的最好的结局了……

此时此刻没人能够预料到，
这份缘，还远未走到尽头——

虽然已经骄傲地独立，但当难以承受的恶劣天气来袭时，
比起那些寻找石头缝做庇护所的野生同类，

罗伊对温暖、安全的第一联想就是卡尔。

欢迎回家
小少爷。
先擦擦干！

来客烤耗子？
别客气是你
之前没吃完的。

……虽然有点热情过度难以招架。

还要干吗？

还有……

124

10. 新的起点

送别了罗伊，也结束了阿拉斯加的考察生涯，
回到CRRC的卡尔有了新目标：除了单纯救助落难个体……

还要进行一项重要研究。

知名受害者群像

过去人们认为：
生活在人口稠密地区的猛禽，
更容易被捕杀毒害失去家园……

……肉里有毒。

鹰猎有什么
好玩的啊

鸽子是不好用
还是不好吃？
偏要我们送信。

无忧无虑
冰雪之王

而像雪鸮这样主要栖息地，冰天雪地人迹罕至的，
似乎是不受侵扰，无忧无虑的幸运儿。

但事实，真是如此吗？

整个地球的生态系统是彼此联通的，
既然远在南极的阿德利企鹅，

哇……
这和说好的
不一样！

都会因为人类干扰气候又过度
捕捞而遭遇毁灭性打击，
凭什么认为雪鸮可以幸免？

WWF世界自然基金会
SSC物种存继委员会
雪鸮保护白皮书
（2017 易危）

ROL's HOME

雪鸮保护者之家
全球仅存20000只

情况总算
被正视，
发布到站上
告诉大家吧。

接下来我
也要更加的
努力了——

保护级别上升只是个开始。时隔一年有余，卡尔再次踏上了阿拉斯加的土地——

踏出

帅气登场

哟，伙计们！

卡尔?!

变化也太大了吧？

那当然——

我现在好歹也算是权威专家了嘛。

开启——

滴

不过我什么样不重要,
重要的是我带来了
新生和希望——

来自雪鸮种群补充*
计划,青春靓丽美丽
动人的卡珊德拉小姐!

单身的雌鸟……

就说你这个负责人
怎么突然跑来,

根本是想假公济私
给你家罗伊找对象吧?

犀利

才、
才没有。

*种群补充:
在尚有野生种
群分布的栖息
地释放人工饲
养/从别处引
来的个体,以
补充数量、改
善种群结构、
促进原种群维
持并壮大的保
护方法。

130

光好啊。

是啊，真好呀。

反复试探之后，卡尔惊喜地发现罗伊相当容忍自己——甚至可以一起晒晒太阳。

既然罗伊很友善，那么就可以直接将后窗圈成软释放区，顺便培养感情。

从室内到网笼再逐渐放飞卡册德拉。

和罗伊一起。

"果然啊。"

果然。

借个道哦罗伊，会还你个媳妇儿。

准了。

这哪里友善了啊?!

……看起来并不是人人都有豁免权呢。

挺不错的吧？虽然活动范围小了点，但可以先感受下故乡的风。

顺便介绍下看那边——

那是罗伊，

是你的前辈，也是位年轻力壮的优质配偶鸟选。

我无法离开。

我不会放弃的!

罗密欧和朱丽叶啊……

……

啊~ ♥

撕给你吃。

罗伊? 你啥时候到的?!

不过再浪漫的爱情在罗伊看来……

也只是讨打的入侵者 又增加了而已。

一只不够还想在我后花园里里生崽是吧? 找死!! 我会保护你的!

冷静点儿小少爷! 这是反派站位啊!

终于双方的忍耐力（以及网笼耐久）都到达了极限——

此役，罗伊赢回了地盘……

把人家的初级飞羽都打掉了，够狠的啊。

而野生公鸟，赢走了爱情。

141

大小姐就此为爱私奔飞向自由。当然，跟踪狂保护工作者可不会放过这——

在那里，一旦筑巢就好找了。

GPS真好用。

全程追踪野生雪鸮的婚恋繁殖行为的大好机会。

开鸟车了……

!!

和野生雄鸟配对不是更好吗？

这才是项目的最初目标吧。

我知道……只是老父亲心情复杂。

终究意难平……

为什么就没看上罗伊呢……

落下

142

154

罗伊这边牵扯不清，
而一直顺风顺水的卡珊德拉……

宝宝们好好
发育快快孵化。

奇怪？
都几点了，

亲爱的怎么
还没带午餐
回来？

好饿……
好累……
好困啊。

维持家庭生计的雄鸟失踪了一天一夜，
观察者们首先挺不住了。

我在路上了！

卡尔你快来！！
带上冰箱里那些储备粮！
哇！我的卡珊啊——

车子不能靠近巢区，
我正跑步前进——

一路狂奔——

157

一级战斗准备——

得设定几个闹钟，要定时翻蛋……

不要贴在孵化器上，又不需要你孵蛋。

啾咔啾啾——宝宝们在叫我哦！

*孵化到一定阶段，蛋内的雏鸟就开始和亲鸟交流了。

原来是和蛋交流啊，看来雏鸟们能有个好爸爸了。

这边暂时没问题，就更担心它们……

首先是卡珊德拉，失去了巢的它，
行踪变得飘忽不定，难觅芳踪。 唯一能确定的是它依然健康存活。

明明就在这附近啊。

信号源
<3M

卡珊？

但毫无标记的失踪野生雄鸟，
追查起来就难了——

寻鸟启事

有发现请回复——

寻鸟启事？
你做这个干什么。

光靠自己找太难，
我打算发动鸟类
爱好者征集信息。

目前还没有可靠报告，
不过大家都挺积极的。

有用吗？

162

163

生命
　很坚强

生命……
　也无比脆弱。

大小姐的配偶是一只优秀的雄鸟，它没有任何理由主动抛弃妻子，那么是遭遇了什么样的不幸才无法归来？

与其孜孜不倦地追求残酷的答案，不如让故事暂停在这里……

待时光流转日羽换新，所有标记都消失，一切回忆都模糊……

也许还可以期待新的开始。

——也许不只是卡尔，卡珊德拉也是这样想的。

卡珊？

放心吧，不是它。
……它究竟去了哪里依然是个迷，

但我想那不重要了，因为……你已经决心要向前看了，对吧？

这天之后，卡珊走出低谷向远方飞去，与自己在人类看护下的少女时代，彻底告别。

大小姐奔赴新战场，而它留下的……

这个留言板改做民间目击报告搜集站也不错。

啾

别闹哦小少爷，

我还要工作，没空陪你玩……

啾 啾！

就算你再强壮，也不可能扯得动一个大活人啦。

快来

70kg

2.2kg

用力扯

嗞嘎

孵化器？

所以说……你这是发现蛋要孵化了来通知我？

不然呢？没见过你这么迟钝的。

此时距离第一次在卡珊巢中看到这些蛋已经过去了一个月，新生命已逐渐发育成熟，准备好正式登陆这个世界了——

咔哒

*雪鸮的孵化期为32—35天。
蛋是每隔1—2天陆续产下孵化也基本按顺序来。

按照惯例，亲鸟要守着蛋不断呼唤雏鸟，告诉它们外界安全、快快破壳。

加油啊宝宝们！

而雏鸟也会努力回应这份期待，用喙尖的卵齿努力顶……

休、休息一下……
……

必须靠自己的力量，顶破蛋壳，破壁而出——

让让，我要下去——

就是家乡无边无际的广阔天空，
以及统治那片蔚蓝的雪白身影。

厉害！

唤醒血脉中亘古不变的，
对自由飞翔的向往。

拾头

是爸爸！

哇

Q1：到底有几颗蛋？

在故事的最后，
卡尔和罗伊
孵出了四只
雪鸮宝宝，

这就让不少读者
感到疑惑：
之前不是说
生了三颗蛋？

到底同事不识数
还是大小姐太胖
挡住了？

其实都不是……鸟和哺乳动物多胞胎
不一样，蛋是要
一天一天陆续生的！

雪鸮最大窝卵数
能到11—12枚。
大的都破壳了，
小的还在孵，
都很正常。

所以抢（救）回家的蛋，足有五枚！
不过很不幸——

是白蛋*。

还好另外四个
都很健康，

赶快放到
孵化器里去。

罗伊别急，不是我
忘了它，只是……唉。

漏了一个啊！
笨蛋卡尔！

* 白蛋：里面没有成活胚胎的未受精蛋。

Q2：带崽的具体过程呢？
卡尔真是老司机上路稳得不行了？

Duang！

异步孵化的同巢小鸟在最初的几天，体型差别会格外明显。
（营养好，小的能快速发育追上，食物要跟不上的话就⋯⋯bad ending。）

最小的刚破壳
还站不起来。
↓
啾啾

就你们
三个？

老幺呢？

啾啾
不知道啦啦。

仿佛家里有0—8岁
四个娃般酸爽。

差点活埋，
这群小混蛋⋯⋯

伸展运动。

173

174

啾咔咔……
别出来！
!?
给我躲好，
不然会被
怪叔叔拐
带走哦！
这里什么
都没有……
嗯？
……
卡尔你回来啦？你看……
我今天也成功藏好了
宝宝们哦！
你……
亲爱的，不要抛弃
我们父子啊??
既然这么熟练，
那你就顺便把
喂食也干了吧。
我去换衣服
休息了。
哼，穿上衣服
就不认人了，渣鸟！

番外2.
圣诞特别篇

事情起因于昨天收到了新一期《Scicene》，正读着关于鹬鹬类在苔原繁殖地被捕食率连年升高，遭遇种族大危机的文章时……

果然，之前就很担心了——繁殖地越冬地迁徙路线重重危机，灭顶之灾啊……

啊，罗伊你看——不止是你族，

受气候变迁影响，远离人类社会的大家日子也都不好……

等等?!

你爪子上抓的那是啥——

※鹬鹬类：鹬形目下数个科属的总称。是经常在滨海沙滩湿地活动的中小型涉禽。很多鹬鹬类会聚集大群进行非常长而单一的迁徙，在夏季极圈苔原繁殖……看似数量众多但一个环节出问题就会遭遇灭种打击。

斑胸滨鹬（♂享年3岁！）
Calidris melanotos

抓啥不好你非抓它！！

同为受胁种没点同胞爱吗？我不能接受！！

啊

一线保护工作者定番道德困境之：我保护的动物抓了另一种保护动物送我该怎么办??

就这样一时头脑发热飙了小少爷……

明明知道它只是正常捕猎很无辜……

我保护/研究的野生动物送了另一种保护动物给我吃……

这还真是……不过我也能懂你那矛盾心态啦。

它自己吃掉也就算了偏偏送到你面前……

183

虽然担心，但是卡尔还得正常进行野外考察，还好此时罗伊终于露面了。虽然态度还是有点不自然……

暗（明？）中观察

不过总算能让人放下心，把注意力放到新课题上……上了?!

罗伊……

你这探头探脑的，到底是想让我发现还是不想啊？

看了报告超忧心，不过这一带种群数量还算稳。

KaGoose!

求偶的样子真可爱啊，不过似乎忘了点什么……

忘了罗伊跟着我啊这下完蛋了

不、不能出声，忍住！这也是自然历程的一部分吗——

哪里跑！

弱肉强食，捕杀很正常……

泰山压顶。

???

那捕而不杀啥意思，辱鸟吗……

番外3.
大小姐的旅途

大小姐在这里成功地度过了自己的野外第一冬，
当春天重回大地时，
她已经成长为一个……

坚持不懈的大小姐，终于在寒冬
到来前找到了合适的家：
一座荒废的农场。

雄鹿们也……

这里食物丰富，竞争者不多，正合适定居。

Pi Pi

问。

见怪不怪的合格宅女了。

Alaska RRC

RRC

就是这里了？
轻轻放下，准备放飞。

人类？
好熟悉的打扮，
这是要……

快走吧，这可是
扎克先生特意
给你安排的新家。

Alask

飞起

一路顺风！
别再受伤哦！

191

我国所有猛禽都受法律保护，拥有自由飞翔、捕猎、繁殖等不可侵犯的鸟身权利！

再稍微梳理下猫头鹰的分类。

猫头鹰基础知识补习班

以后能不能科学云吸随时耍帅就看你记多少了！

在前文中提到了鸮形目有两个不同的科：

其中草鸮科成员较少有2属26种，杏眼桃心脸的仓鸮是其中分布最广泛最有代表性的物种。

而被称为true owl的鸱鸮科则是个大家族，共有25属220种。

代表物种是体型第二大的颜艺帝：雕鸮 *Bubo bubo*。

靠着长长竖起的耳翎获得了比雪鸮优势的身高！
栖息地和人类宜居带重叠大，所以经常曝出钻鸡笼钻鸭舍或者偷鸽子被抓现行的丑闻……归根到底生活不易。

所谓科大了什么
体形的鸟都有……

个体最大的毛腿渔鸮体长能有67—77cm
而最小的姬鸮才11cm（我国最小的猫头鹰是领鸺鹠，14—16cm比麻雀还短点）。
所以判断鸟类的年龄是看羽毛发育情况，
不要看人家个头儿小就急着叫宝宝……

别欺负人家，要……呃，敬老。

最后说一下母雪鸮的战斗力。网上很容易找到它们翻着肚皮毛爪爪向上抬的御敌照片，看着笨拙可怜，但其实这种垂直起落、将最有威胁的爪和喙都对准飞掠过的敌人，是最安全的对敌手段——看着狼狈点儿，总比把脆弱的颈部暴露好。

再加上几乎垂直起降，不用离开巢和蛋/雏鸟太远，可以说是相当有技术含量的一种战术了！……当然，平衡没把握好被敌人给掀翻了另算。

**肚皮向上
蹦起来御敌**

不许笑！
这可是独门秘籍！

稳、稳住——

新的开始，新的小鸟……
卡册也很努力经营自己的生活呢。

梦想、责任、爱……是生命的重量。

小小爷·卷后记
我见苍生皆可爱

罗伊和卡尔的故事到此就
告一段落，这是一个关于美梦
成真、有爱就永远有希望的故事。
故事里的他们幸福美满，
故事外的我，还有话要说。

我自小喜欢两件事：
观察动物和画漫画。
某日灵光一现将这两个爱好结合到了一起，
也就是整个动物拟人系列的开篇。

最早只是零星的物种介绍和趣味冷知识科普，
选择将动物画成人的样子，是为了更好地表达情绪——
毕竟大多数物种不是彻底面瘫，就是表情动作和人类那套并不通用。更何况
要看原型，得得是细致准确的物种模式图和摄影师作品，不如发挥所长，设
计一些符合动物原型的种族服饰，把那些外行人不容易看明白的羽毛鳞爪，
转化成所有人都认识的衣服鞋帽，再把大段文字旁白的动物内心戏，转化成
大家都能看明白的表情神态对话……这就是拟人这个形式的起点了。

然后，就该从物种习性和行为趣味里提炼要素，创造角色了——不用成
精，这世间的动物们已然个性十足。有勇敢无脑鲁莽的就有超强却过分慎重
的，有狡黠小心思满腹的就有大爱无疆的，个体差异之大，远不是简单一段
物种习性能概括。我也不想用画面重复教科书的段落，于是开始尝试将做课
题时[①]记下的朱鹮行为观察数据改编成有情节的故事，将冷冰冰的个体编号
还原成鲜活的人物。

196

在朱鹮一家的尝试获得成功后，我开始不满足于漫画化一段具体的科研记录。我想讲一个人与野生动物之间温情满满、正确地（这是重点）付出善意后得到大团圆回报的故事，于是卡尔和他的小少爷——**罗伊**就这样诞生了。

是的，罗伊并不是一只真实存在过的雪鸮，它没有朱鹮一家或者连载后面的狮子兄弟、虎鲸家族那样的具体原型，而是在提炼了许多雪鸮研究记录和猛禽救助案例后，整个系列中第一个完完全全的原创角色。卡尔也一样，除了名字致敬伟大的卡尔·琼斯先生②之外，他其实是许许多多奋斗在一线的动物保护工作者的缩影，当然也是我心中那个动物行为学研究之梦的投射。

描绘这样一个故事，除了希望更多人因此喜爱上野生动物、关注它们的境况外，更费心的其实是如何见缝插针地科普：怎么做才算是"正确地付出善意"。

毕竟有时候无知的爱，反而会造成更多的伤害嘛。

不过像卡尔这样奋斗在一线、扎根野外的门槛确实略高，而且就算科班出身，都可能会出这样方向盘一打拐进二次元的奇行种。人人当专家不现实，那么除了义务教育生物课和上网刷刷帖之外，没接触过任何动物专业知识的"门外汉"能做什么？

这就是接下来本作的主线剧情要讲的内容了：

《进化之基》家有鹅霸篇，敬请期待！

①我研究生读的是野生动物保护与利用专业，做朱鹮野化训练和再引入项目，最早画鸟拟人是想帮这种明明是国家一级保护却（在当时）没多少牌面的濒危鸟类提提咖位。它们也会在《进化之基》中登场。
②卡尔·琼斯，拯救了毛里求斯的三种濒危鸟类：回声鹦鹉、毛里求斯隼和粉红鸽。

期待与大家再次相见！

WB：@小鸡NK旁白D

腾讯动漫：《进化之基》连载中

番外4. 天赐奇缘

卡尔和罗伊的奇缘，通过纪录片的镜头流传开，
感动也激励了许多有志于此的人们。

哪怕是遥远的异国他乡——

就这样，雪鸮罗伊正式
离开了卡尔的庇护，飞向了
自由和独立的生活，

这别离令人伤感
却并不悲哀，

因为相爱的生命终将在这
广阔美丽的世界中重逢。

我的演说到此结束，这
就是我男神榜样的故事。

对了，虽然多余还是
要强调一下：
私养猛禽违法的哦！
想学卡尔的话——

中国·X市X中

为梦想而苦读哪有游戏好玩。
少年人，就是心思不定容易被诱惑，
一时的感动热血，三分钟就被忘诸脑后……

然而愿不能乱许誓别瞎发，
难保冥冥之中有谁记账

在你把昔日的决心忘个精光时，天赐"奇缘"将一切重启——

诶？

你小子就是我的主人？

同样浑身雪白逼格满分、名声大噪无人不晓、战斗力爆表霸气侧漏
还符合我国国情的可家养 **"猛禽"**　——《家有鹅霸》篇震撼登场！